身边的科学 真好玩

摸不得的 电

U0396070

You Wouldn't Want to Live Without
Electricity!

[英]伊恩·格雷厄姆　文
[英]罗里·沃克　图
高　伟　李芝颖　译

时代出版传媒股份有限公司
安徽科学技术出版社

[皖] 版贸登记号:121414021

图书在版编目(CIP)数据

摸不得的电/(英)格雷厄姆文;(英)沃克图;高伟,李
芝颖译.—合肥:安徽科学技术出版社,2015.9(2018.7
重印)
(身边的科学真好玩)
ISBN 978-7-5337-6784-6

Ⅰ.①摸…　Ⅱ.①格…②沃…③高…④李…
Ⅲ.①电-儿童读物　Ⅳ.①O441.1-49

中国版本图书馆 CIP 数据核字(2015)第 213800 号

You Wouldn't Want to Live Without Electricity! @ The
Salariya Book Company Limited 2015
The simplified Chinese translation rights arranged through
Rightol Media(本书中文简体版权经由锐拓传媒取得
Email:copyright@rightol.com)

摸不得的电　　[英]伊恩·格雷厄姆 文　[英]罗里·沃克 图　高伟　李芝颖 译

出版人:丁凌云　　　　选题策划:张 雯　　　　责任编辑:张 雯
责任校对:刘 凯　　　　责任印制:李伦洲　　　　封面设计:武 迪
出版发行:时代出版传媒股份有限公司　http://www.press-mart.com
　　　　　安徽科学技术出版社　　　　　http://www.ahstp.net
　　　　　(合肥市政务文化新区翡翠路 1118 号出版传媒广场,邮编:230071)
　　　　　电话:(0551)63533330
印　　制:合肥华云印务有限责任公司　　电话:(0551)63418899
(如发现印装质量问题,影响阅读,请与印刷厂商联系调换)

开本:787×1092　1/16　　　　印张:2.5　　　　　字数:40 千
版次:2018 年 7 月第 7 次印刷

ISBN 978-7-5337-6784-6　　　　　　　　　定价:15.00 元

电力运用大事年表

公元前600年

古希腊城邦米利都的哲学家泰利斯就注意到了我们现在称之为静电的作用。

公元1821年

迈克尔·法拉第发明发电机。

公元1752年

本杰明·富兰克林证明闪电是电的一种形式。

18世纪40年代

最早可以储存电的莱顿瓶发明了。

公元1831年

迈克尔·法拉第发明变压器，它可以使电压升高或降低

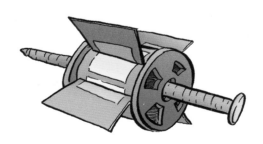

公元1800年

亚历山德罗·伏特发明电池。

公元1897年

约瑟夫·约翰·汤姆森发现电子。电子是带负电的粒子，移动时会产生电流。

公元1879年

托马斯·爱迪生发明了第一个可以长时间照明的电灯泡。

公元1997年

首次大批量生产的混合动力汽车上市销售。

公元1882年

世界上第一家公用发电站建立，并向伦敦部分地区供电。

公元2000年

宇航员开始在国际空间站安装太阳能电池板。

公元1956年

在英国，世界上第一家商用核电站开始发电。

电从何处来？

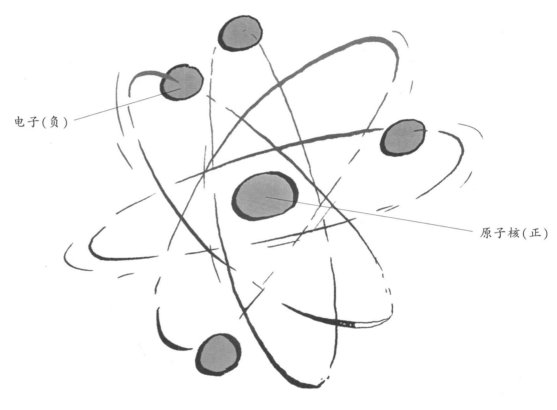

原子简图

电由电荷产生，电荷又源于原子。你和周围的一切事物皆由原子组成。原子核（位于原子中心）带正电荷，围绕原子核飞来飞去的电子带负电荷。正负电荷通常彼此平衡。然而一个原子有可能获得或失去电子，于是整个原子便带上了电。这种电称为静电，因为它仅位于一个地方。但是电子也有可能从一个原子跳跃到另一个原子那里。当许多电子以这种方式运动的时候，就会产生电流。

作者简介

文字作者：

伊恩·格雷厄姆，曾在伦敦城市大学攻读应用物理学。后来又获得新闻学硕士学位，专门研究科学和技术。自从他成为自由作家和记者以来，已经创作了100多本非文学类少儿读物。

插图画家：

罗里·沃克，是一名艺术家和插图画家，来自英国威尔士的斯诺登尼亚。他已经为数百本图书配过插图，热衷于用传统的钢笔和墨水创造、勾画各种形象。

目　录

导 读

电是看不见的,但它无处不在:大自然,我们的家、学校以及工作场所。电已经存在几十亿年,但人们能发电、控制电以及使用电的时间只有200多年。

现在,我们可以用各种各样的方式发电,利用各种能源发电,例如煤、石油、天然气、风浪、潮汐、太阳光、地热、原子核反应,甚至还能用垃圾发电。

整个世界数十亿人都离不开电,电让人们能够过上现代化的生活。想一想如果没有电就无法做的事情:加热、照明、通信、旅行、交通,还有娱乐,它们都离不开电的支持。没有电,我们的生活就会截然不同。你绝对不愿过没电的生活!

警告!

电非常危险!

- 不要触摸插座,不要用任何东西捅进插座。
- 插入或抽出插头之前,先关闭插座开关。
- 不要触摸裸露的电线。
- 不要打湿电器设备。

如果没有灯光

我们日常生活中有很多东西都是有了电才能工作。如果我们从来没有发现电，或是我们突然不得不过上没电的日子，你认为我们的生活会成为什么样子呢？你能度过没有灯的日子吗？如果你的电视、电脑和电话突然无法工作了，你会做什么？就那么想一想，没有社交网络！哦！我的天！如果火车、大巴，还有小轿车都不运转，你如何行动？如果没有冰箱、冷冻柜、洗衣机或是吸尘器，你的生活会成为什么样子？

如果没有电，我们的环境有可能更寒冷、更幽暗、更枯燥，节奏会变缓，工作也会更辛苦。

想象一下一觉醒来没有电的日子！床头灯不亮，电子闹钟也不响！千万不要睡过头，你的手机也不会工作。

如果你的厨房里都是电器设施，你将吃不上热腾腾的早餐，更别说热吐司和热饮料了。闻一闻要加进麦片里的牛奶！没有冰箱，牛奶很快就会变质！

没有了路灯,**黑漆漆的早晨**变得更为幽暗。而且你还得走路去上学，因为小轿车、大巴和火车都需要电才能开动。交通指示灯无法工作,你的自行车灯也无法工作。

你也能行!

把你家里需要用到电的事物都列举出来。写出哪些是要插插头或放入电池供电的。你一定会为它们的数量之多感到惊讶无比的!

屋里或是花园里有工作需要做吗？没有电动工具,你将不得不依靠自己的肌肉力量和手动工具。

到了夜晚,你将不得不点上一两支蜡烛来照明。忘记看电视、玩电脑游戏或是网上冲浪那些事吧。感谢老天,我们至少还能读书!

光与热

30000年前：首先出现的灯是将动物油脂盛在空心石头里，让苔藓球或是植物根茎吸收这些脂肪，之后将它们点燃即可，但这种灯不是很亮。

在过去一百年里，我们家里出现了电灯、加热器以及各种厨房电器。但在此以前，如果想有光、热或是吃上热饭菜，就不得不生火。古代罗马人采用集中供暖设施，暖气由建筑物地面下的炉子里送出来。另外有人用敞开的炉子烧柴或烧煤给家里供暖，但许多热量会从烟囱流失掉。在家里，人们则点蜡烛或油灯，后来是点煤气灯。所有这些燃烧方式都有引起可怕火灾的危险，还会让城镇变得烟雾弥漫。

2000年前：罗马的富人们就在他们的别墅和浴室里安装了地热设施，称为火炕供暖系统。炉子里的热空气通过地板下以及墙壁内的空间送过来，奴隶们负责维持火炕燃烧。

地板下的砖柱

热空气在砖柱间流通

16世纪：人们已经使用蜡烛照明数百年了。然而，蜡烛光亮微弱，而且在通风的房子里很容易被风吹灭。如果蜡烛翻倒，还容易引起火灾。像这种蜡烛灯笼就比蜡烛本身安全一些。

你也能行！

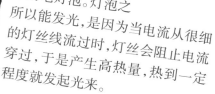

19世纪70年代，美国的托马斯·爱迪生和英国的约瑟夫·斯旺爵士都成功研制出世界上最早的电灯泡。灯泡之所以能发光，是因为当电流从很细的灯丝线流过时，灯丝会阻止电流穿过，于是产生高热量，热到一定程度就发起光来。

17世纪：人们流行烧煤供暖。煤燃烧时的温度比木头的高，亮光也持续得更久一些。然而煤比较昂贵，燃烧时还散发出大量烟雾。采煤也是极为危险的工作。

19世纪：煤油灯（左图）比蜡烛亮得多，而且灯芯可调节，把灯芯向上调一些，可以让火焰变得更大，而玻璃灯罩能保护火焰不被风吹灭。

19世纪晚期：从煤炭加工得来的煤气通过管道输入一些家庭。煤气灯（右图）很明亮，但是煤气本身很危险。如果煤气泄漏，就会产生爆炸，而且煤气也有毒！

刺痛与火花

几千年来，人们都过着没有电的生活。但有一些观察力很强的人，对自然界一些奇怪的现象感到好奇。他们轻抚猫的时候，发现猫毛有时会竖立起来，还发出"噼啪"声，甚至可能闪现火花。他们摩擦光亮透明的琥珀时，琥珀会吸起细线，就像有魔力一般。但他们不知道引起这些现象的原因是什么，因为那时还没有人了解电是什么。像"电子"、"电"和"电流"这类词语皆源于古希腊文"琥珀"一词。

以电为药：古埃及人发现鲶鱼、蝠鲼和鳗鱼会产生电击作用。据说古代的医生已经运用从这些鱼身上获得的高压震动来治疗疼痛。

恐怖的毛发：抚摸猫的时候，会把电子从猫毛上抹掉，让毛带正电荷。正电荷互相排斥，因此猫毛会竖立起来。

神奇的琥珀：在古希腊米利都城的泰勒斯发现，当他摩擦一块树脂化石（即琥珀）时，小羽毛就可以粘在琥珀上面。事实上，他已经发现了静电，不过他自己并不知道。

你也能行！

用塑料梳子反复梳理干头发，就能让它带上静电。将梳齿靠近碎纸屑，如果梳子带的静电够多，而那些纸屑又够小，梳齿就能吸起那些纸屑。

大约2300年前，古希腊教师泰奥弗拉斯托斯发现一件很奇怪的事情：在他加热某种宝石的时候，一些灰尘、绒毛、稻草甚至木块都会飞向宝石。他用的宝石可能就是我们今天所说的"电气石"。加热一些水晶石，包括电气石，就会产生静电，这称为热电现象（pyroelectricity）。"热电现象"的英语单词源于希腊文单词"火"（pyr）的拼写。

马达与运动

在中世纪以前,机器是用水车、风车或人力驱动的。然后到了18世纪,蒸汽发动机发明了。蒸汽机的发明是非常伟大的进步,因为它们不依靠风或是附近的河流工作。蒸汽机使工业和铁路有了飞速发展,这个时期被称为工业革命时期。然而蒸汽机又大又重,还需要不停地供给煤和水才能持续工作,因此最后它们被体积更小的汽油发动机和柴油发动机所替代。再后来,人们甚至创造出了更小、更干净、更容易使用的电动发动机。

公元前100年:古希腊人和古罗马人使用水车做机器的动力。这些水车常常用来推动沉重的磨盘碾磨面粉。但如果近处没有河流的话,你就无法使用水车!

公元600年:波斯人可能是最早使用风车推动石磨碾磨粮食的人。用来兜风的风车叶片是用布或是窄木板做成的。风车几乎可以建造在任何地方,但只在有风的时候才运转。

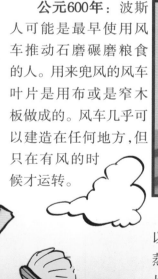

19世纪:蒸汽火车建造出来了,可以运输煤和铁,并很快开始运载乘客。蒸汽火车使大量的人能够进行快速的长途旅行。但对乘客来说,蒸汽机冒烧烟是件很烦人的事情。

18世纪：最早的蒸汽发动机是个庞然大物，有一栋房子那么大。它们靠烧煤让水沸腾，从而产生蒸汽。这些蒸汽可以推动活塞，以驱动水泵之类的机器。蒸汽机可以产生巨大的动力，但它们也会冒烟、发出噪声，有时甚至还很危险。早期的蒸汽机常常会爆炸。

你也能行！

做一个水车。裁四张硬纸片，把它们粘贴在一个棉线卷筒上，如下图所示。把一根毛线针穿过这个卷筒。握着水车，放到自来水龙头下方，让水流只打在一边的纸叶轮上。

但它仍然需要人工把煤铲进去。

充电桩

现代电动小车

19世纪晚期：首批电动汽车在19世纪80年代被生产出来，首批用汽油做发动机的车辆差不多也是这个时间生产出来的。如今有些汽车是电动的，电动汽车不像其他汽车那样释放有害气体。把车上的插头插进充电桩的插座，电动汽车就充上电了。

雷与闪电

在1752年，美国科学家本杰明·富兰克林观察雷雨天的雷电闪光，思考闪电是不是一种电流。他做了一次非常危险的实验，力图揭示其中真相。他把风筝升到雷电附近，风筝线的尾端系上一把铁钥匙，再用一条干丝带系住钥匙。他拉住干丝带，牢牢地拽住风筝。但把一只手移到距离钥匙非常近的地方时，他感到一颤。他正确地证明了闪电的确是电：云团产生的电流沿着浸透雨水的风筝线传到钥匙上。

别在家里做这个实验！

风筝线

干丝带

铁钥匙

金属线

莱顿瓶
（见17面）

警告！

千万不要重复本杰明·富兰克林的实验！

富兰克林活下来是非常幸运的，其他人做这个实验却都死了。大量电荷让雷雨云带上电，再通过风筝线提供的通道流向地面，恰好流经拉住风筝线的人！

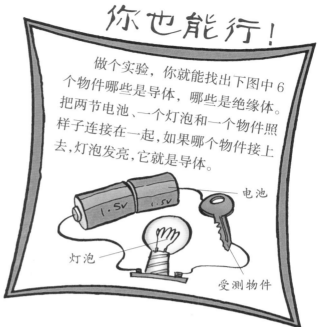

你也能行！

做个实验，你就能找出下图中 6 个物件哪些是导体，哪些是绝缘体。把两节电池、一个灯泡和一个物件照样子连接在一起，如果哪个物件接上去，灯泡发亮，它就是导体。

避雷针

电导体

地面或接地棒

电池

灯泡

受测物件

如果听到打雷，要立即进屋，或躲到车里关上车窗，绝对不要碰任何金属，也绝对不要躲在树下或打伞。双脚并拢，蹲下身子，身体尽量缩小。

有些材料允许电流通过，称为导体。其他材料阻碍电流通过，称为绝缘体。

富兰克林发现闪电可以安全地引向地面，不会破坏其所接触的任何建筑物。于是，他发明了电导体。现在，所有高层建筑都有一条由顶部接到地面的厚厚的金属带或金属棒。打雷时，电荷沿着它无害地进入大地。

这些东西各是什么？

电流是流动的电子。导体的电子容易从一个原子移动到另一个原子；绝缘体的电子则被原子牢牢束缚住，因而电流无法通过。

11

早期储电

到了18世纪末，科学家和发明家已经证明电确实存在。但是，除非他们能够捕捉到电并把它储存起来，否则就无法研究它。一只死青蛙拯救了这一切！意大利科学家路易吉·加尔瓦尼在解剖一只青蛙时，看到它四腿抽动，仿佛受到电击一般。另一位意大利人亚历山德罗·伏特，注意到那只青蛙是挂在铜钩子上的，而加尔瓦尼使用的是钢刀。于是他想弄明白是否使用不同金属都可以导致蛙腿抽搐。这一想法启发他造出了有史以来第一个电池。

18世纪80年代：加尔瓦尼认为电就像某种生命力一样，是由动物肌肉产生的，但他错了。伏打发现电是在动物体外以某种方式产生的，然后刺激动物肌肉，导致肌肉动起来。

我叫它"动物电"。

你有没有试过换一种钩子？

加尔瓦尼

伏特

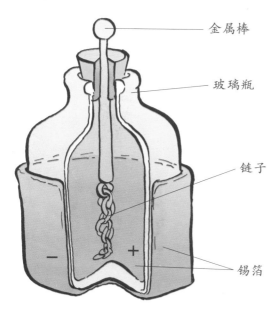

金属棒

玻璃瓶

链子

锡箔

－ ＋

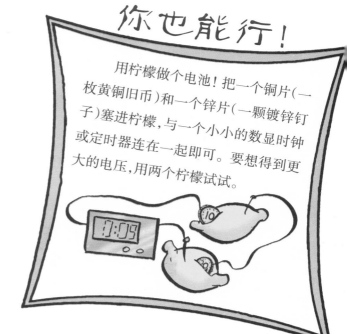

用柠檬做个电池！把一个铜片(一枚黄铜旧币)和一个锌片(一颗镀锌钉子)塞进柠檬,与一个小小的数显时钟或定时器连在一起即可。要想得到更大的电压,用两个柠檬试试。

18世纪40年代：莱顿瓶（上图），一种储存电荷的装置，由埃瓦尔德·格奥尔格·马·克莱斯特和彼得·范·穆森布罗克发明，是一种里外都包裹着锡箔的玻璃瓶。金属棒与里面的锡箔由链子连接，流向金属棒的电荷可以给里面的锡箔充电。

1800年：亚历山德罗·伏特制成第一个电池。他把一堆铜片和锌片次第相连，每对薄片中间衬上用卤水（盐水）或酸浸湿的垫片,制成了电池。

今天：谢天谢地,你不必使用类似伏打那种用一堆湿漉漉的金属薄片制成的电池了。现在的电池可以产生更多电流了，而且化学物质都安全地密封在电池内部。

18世纪80年代：加尔瓦尼（左图）认为电来自动物的肌肉，就如同一种生命力，但他是错的。瓦特意识到电是动物体外、在某种方式下产生的，从而导致肌肉震颤。

堆起来的金属片

－

＋

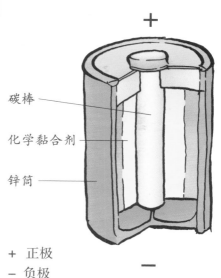

＋

碳棒

化学黏合剂

锌筒

＋ 正极
－ 负极

－

让电工作

在19世纪初时，人们已经可以发电和储存电。这时，发明家们开始寻求新途径使用电。下一步的发明与一个丹麦人、两个法国人和一个英国人有关。他们的工作带来了电机，包括电动机和发电机，这将改变整个世界。

一如往常，第一项发现纯属偶然！181□年，丹麦科学家汉斯·克里斯汀·奥斯特在哥本哈根大学给学生做验证试验时，获得出乎意料的惊人发现。这一发现改变了科学家对电和磁的思考方式，带来一系列重要的发现和发明。

1819年：汉斯·克里斯汀·奥斯特在用电路加热金属丝时，发现临近的罗盘指针动了起来。每次接通或切断电池的电流时，磁针都会跳动。从此奥斯特发现电和磁二者有联系。

19世纪20年代：法国科学家安德烈-马里·安培得知了奥斯特的发现。他开始研究电和磁，最终发现让二者联系起来的自然规律——安培定律。随即，他创造了一个新的科学分支:电磁学。

你也能行！

做个简易发电机！把一块小型强磁体放在一根钢螺丝的顶部，螺丝悬挂在一节1.5伏2号电池下面。用导线把电池另一端和磁体另一面连接起来，观察螺丝开始旋转。

*纽扣式钕磁铁最好。

导线

磁体

汞

电池

1832年：西波里特·皮克斯是法国的仪表制造商，他发明了第一台实用的发电机。这种发电机靠转动手柄带动靠近两组导线线圈的磁体旋转。磁体转动时产生电流,并流过导线线圈。

1821年:迈克尔·法拉第发明了电动机。他把一根导线浸在一杯汞(一种液态金属,俗称"水银")中,让电流流过导线,使其绕着杯中一个磁体转动。转动不甚剧烈，但是仍说明电流可以引起运动。

线圈

磁体

民用电力

变压器

小盒子：你给手机充电时，插头连接的小盒子是个变压器。它把电压降低，提供电力给需要充电的手机。变压器是1831年由迈克尔·法拉第发明的。

既然已经可以发电并能提供大量有用的电力，让电力为民众服务的时候就来到了。19世纪8〇年代，世界最早的公用电站建成于英美两国。终于，开关轻轻一按，人们就能获得光和热。不过，人们的老习惯可挺难改掉，新的照明方式是与一则通告一起开始的，而通告的内容是告诉人们"别用火柴点电灯"！

起初，只有最富有的人才有钱给家里供电。但在随后的岁月里，越来越多的家庭接上了电。电的时代终于到来了！

父亲，这太神奇了！

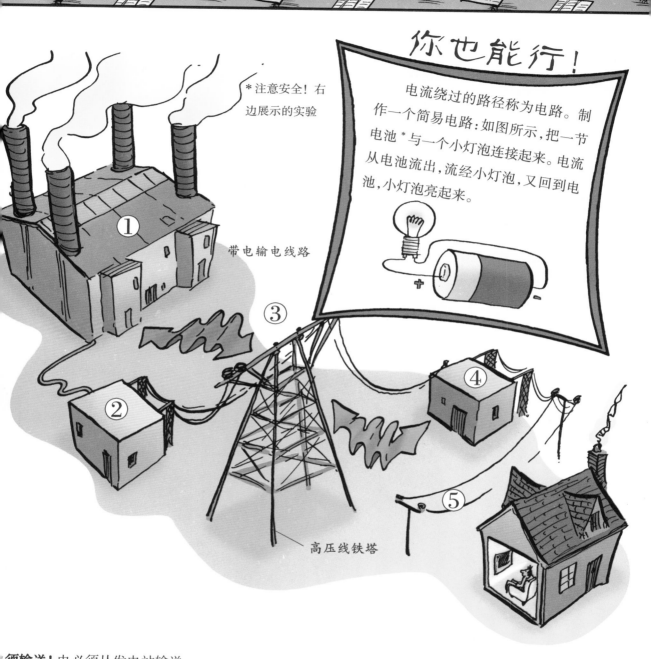

你也能行！

电流绕过的路径称为电路。制作一个简易电路：如图所示，把一节电池*与一个小灯泡连接起来。电流从电池流出，流经小灯泡，又回到电池，小灯泡亮起来。

*注意安全！右边展示的实验

带电输电线路

①

②

③

④

⑤

高压线铁塔

须输送！电必须从发电站输送所有需要用电的地方。电流沿名叫输电线路的电缆输送出。电压升至数十万伏，沿着输线路送出，接着降至安全电压进入家家户户。变压器负责将压升高和降低。

① 发电站发电。
② 变压器使电压升高。
③ 输电线路长距离送电。

④ 变压器降低电压。
⑤ 电经由电线杆或地下进入家家户户。

声音与图像

最早播放录音和放映电影的机器是用发条式马达或是旋转手柄操纵的。它们的声音质量差,图像也不稳定。电录音机和电唱机是巨大的进步:它们的马达以稳定的速度运转。当收音机和电视机流行起来后,电很快成为日常生活的必需品。如果没有电,电脑、数字相机、手机、DVD影碟机和MP3播放机……我们今天所使用的这一切事物都无法存在。

20世纪初期,人们发明了**电扩音器**。在那以前,对着一个称为喇叭筒(左侧)的大圆锥状物大喊,这是让你的声音变得更大的唯一方式。

1877年,美国人托马斯·爱迪生发明了留声机。它能将声音录在圆筒上(通常其外部会涂上蜡),然后回放出来。

1888年,艾米利·伯林纳发明了上蜡圆盘来录下声音。扁盘比圆筒更容易制造和保存,但它们也容易破碎。

1888年,第一台用胶卷相的**照相机**诞生。这种照相很受欢迎,但其胶卷需要取来用化学方法冲洗。

固定的电视节目播放开始于20世纪30年代,但到了50年代才有更多人开始拥有电视机。最初,电视机的屏幕很小,而且图像也是黑白的。

这就像他们在同样的房间里一样!

重要提示!

做一个针孔观察器:用箔遮住一根纸管的一端,用橡皮筋固定住。用防油纸遮住另一端。用针在箔上扎一个孔,让有箔的那一端指向某物(**决不能**是太阳!),然后看着防油纸那端。你能看到图片吗?

平板电脑

现在的移动设备(右侧)是无线的,小而轻,由电池供电,因此无论你到哪里都可以随身携带。

最初的电影没有声音。为了让电影更激动人心,一个钢琴家演奏音乐与屏幕上的行为相配。另外还采用字幕说明剧情。

早期的收音机使用玻璃做的电子零件,称为导管或真空管,它们有时会燃烧起来或是破碎,使人不得不加以更换。

100多年来,收音机、电视机、摄影、录音和电影方面有了众多发明创造,因而我们才能拥有**家庭影院**。

矿物燃料能源

世界上的电大部分是源于矿物燃料，其中主要是煤和天然气。储存在矿物中的能量是通过燃烧释放出来的。这就存在一个问题：当矿物燃料燃烧时，它们会释放出二氧化碳。这种气体吸收太阳散发的热量并保存下来。自工业革命以来，大量矿物燃料燃烧，释放的二氧化碳量已经像天文数字般不可计量，结果使得地球的大气变得越来越暖。

这并不是好事：大气越暖，暴风雨就越多。世界变暖还意味着冰山减少，海平面上升。

燃煤电站烧煤来加热巨型锅炉中的水，让水变成蒸汽。蒸汽比水占的空间大得多，不断膨胀的蒸汽提供动力使发电机运转。

发电机就像逆向工作的马达：它把运动产生的能量转化成电能。使用后的水蒸气通过冷凝器冷却后变回水，于是又能继续使用。

把它想象成一个巨大的水壶吧！

煤堆

锅炉

蒸汽涡轮

发电机

变压器

传输线和传输场

冷凝器

凝结的水被收集起来再次使用。

全部电力的几乎一半是烧煤获得的，但煤是一种很脏的燃料：烧煤会产生烟尘和有害气体。

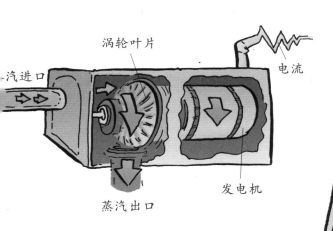

涡轮叶片

汽进口

电流

蒸汽出口

发电机

涡轮是附有叶片的盘或鼓。当发电站锅炉出来的蒸汽冲击到那些叶片时,涡轮会旋转起来,从而驱动发电机运转。

重要提示!

绿色植物能吸收二氧化碳。如果你在家里或学校种一棵树,它就能从大气中吸收一些二氧化碳,帮助降低地球上的温室效应。在春天种植一株小树苗,用水浇灌它,让它变得苗壮。

矿物燃料的来源

矿物燃料在数百万年前曾经是植物和动物。它们死亡以后被埋在一层又一层的泥土下面。热量和压力使它们变成了煤、石油和天然气。

世界上的煤矿一年出产将近80亿吨的煤。大部分的煤都埋在地底深处,矿工们过去常常是用手挖煤,现在则是开动机器采煤,但采煤仍然是又脏又危险的工作。

陆地上和海洋里的**钻探设备**能探进地底下,采掘深藏在层层岩石下面的石油和天然气。岩石的重量压在油和气上面,使得石油和天然气喷到地面上来。

使用绿色能源?

如果为了减少二氧化碳的排放量,不想使用由矿物燃料发的电时,那么你有两个选择。你可以使用"绿色产品",即干净的自然能源发的电,或者核电站发的电。自然能源包括风、海浪、潮汐、阳光、地热、降雨,甚至植物。所有这些能源都称为"可再生能源",因为自然界在源源不断地更新它们。核电站发电则是让核反应堆里的原子核裂变产生热能,然后用这种热能来发电。

风力发电机是现代风车,但它们不是用来碾磨玉米的,而是发电。成片成片的风力涡轮机称为风电场,建造在多风的野外。

> 绿色能源是清洁能源!

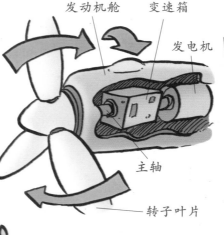

发动机舱　　变速箱

发电机

主轴

转子叶片

风力涡轮机的叶片一分钟转10~20次,变速箱则让运转速度提高很多,每分钟转动次数大约1800次来令发电机工作。这种装置是放置在发动机舱里的。

潮汐一日两次冲刷陆地,带大量能源。潮汐能发电机通过一排闸门操纵潮汐的涨和落。水冲刷过那些门时,门里的涡轮会旋转。

地热发电站从地底深处发掘自然热量。发电站用水泵把水打进4000多米深的地底，当水流回地表时变得相当热，足以产生蒸汽使发电机发电。

重要提示！

发电站将能量从一种形式转化为另一种形式。你也可以转化能量！骑自行车能将你肌肉中的化学能量转化成动能。

核电站是利用原子发生核裂变来发电。当大质量的铀原子裂变时，它们以热能的形式释放能量，这些热能再用来制造蒸汽。

水力发电厂（左侧）通过瀑布或水流发电。在一条河上建造一座大坝，造出一个湖或水库。水在流过大坝的时候会使驱动发电机的涡轮旋转。

太阳能电池板

阳光带有的能量，被称为太阳能。太阳能电池板（右侧）是由能直接将光转化成电的材料制造的。一种不同的系统使用阳光中的热量制造水蒸气。

波浪能发电机看起来就像漂浮的巨蛇。当波浪起伏时，发电机各部分相连接的地方会弯曲，这种弯曲运动产生的能量就转化为电能。

拯救地球！

现在我们发电的很多方式都存在缺陷。矿物燃料会污染空气，而且它们总有一天会耗尽，再也没有煤、石油或是天然气！风力涡轮机仅在有风的时候才能工作——无风，就无电！太阳能发电站只能在阳光明媚的时候正常运转。而核电站会产生危险的放射性废弃物，核事故会释放出致命的放射物。太可怕了！

你可以帮助减少发电引起的坏影响。任何时候都尽可能地节约能源，这样就能少用电，从而也就能少发电。

世界地球日为每年的4月22日，是全球性的环境保护日，旨在让人们参与保护环境的活动。这个活动是1970年在美国开始，现在全世界大约有200个国家都会举办这个活动。

节约用电的三种方式

1.**少用电**。仅在需要用电的时候才把开关打开。

2.**节能设施**。使用节能灯及其他节能装置。

3.**回收利用**。这样能减少制造新产品时需要使用的电力。

节能灯具配件

太阳能
电池板发电

太阳能
电池板控制器

力泵从空气中抽取
量使屋子里变暖。

桶收集雨水

重要提示！

穿暖和点儿！天冷时，多
穿一件衣服，而不是打开取暖
器，这样有助
于拯救地球！

自动百叶
窗防止温
度过高

高效能热水器

节能厨房电器

比起普通房子，**节能房子**
在照明、加热和降温方面使用
的能源较少，很好的绝热材料
可以保留屋子里的热量。同
时，节能房子还可以收集雨水
和回收房子里用过的水，所以
很节水。

回收再利用浴室用过的水

超级绝热材料和
三重玻璃装配使
房间冬暖夏凉

术语表

Air pollution **空气污染** 有害气体和微粒进入大气。

Amp **安培** 电流单位。

Atmosphere **大气** 围绕地球或其他行星、月球或太空物体的气体。

Atoms **原子** 构成固体、液体和气体的基本单位。

Battery **电池** 一种能储存化学能的装置，被连接到一条电路上时能将化学能转化成电能。

Boiler **锅炉** 一种装水的容器，用来给水加热使其成为水蒸气。

Conductor **导体** 一种材料，电和热可以迅速穿透它。

Electric circuit **电路** 电荷流通的路径。

Electric current **电流** 带电粒子的流动。

Electric motor **电动机** 将电能转化为机械能的设备。

Electromagnetism **电磁学** 研究电磁力和电磁场的学科。

Electron **电子** 带负电的粒子，电子运动形成电流。

Energy **能量** 做功的能力。

Environment **环境** 自然界。

Filament **灯丝** 一种细金属丝，大量电流流过它时，它会变热及发光。

Fossil fuel **矿物燃料** 由埋藏在地下的史前动、植物遗体形成，燃烧后可取暖或获得能量。煤是由生长在陆地上的植物形成，而石油和天然气是由海洋里的微生植物以及生物形成的。

Generator **发电机** 一种机器，能将其他形式的能源转化为电能。

Industrial Revolution **工业革命** 1760—1840年的这段时期,产生了许多新的技术,尤其是蒸汽机的发明。

Insulator **绝缘体** 不善于传导电和热的不良导体。

Leyden jar **莱顿瓶** 早期储存电荷的装置。它的发明者之一是荷兰莱顿大学的一位教授。

Medieval **中世纪** 从5世纪到15世纪这段时期。

Nucleus **原子核** 原子的中心,带正电。

Paraffin（Kerosene） **煤油** 一种从石油中提取的燃料,用于家庭灯具照明。

Particle **粒子** 极其微小的物质。

Petrol **汽油** 从石油中提炼出的一种燃料。

Recycle **再生** 重复使用某种事物,而不是用过就扔。

Renewables **再生性能源** 自然界可以源源不断补充的能源,包括阳光、风、潮汐和海浪。

Resistance **电阻** 物质的一种特性,电流流过物质时,这种特性能使电流速度减缓。

Solar panel **太阳能电池板** 一种能将阳光中的能量转化为电能的装置。

Static Electricity **静电** 处于静止状态的电荷。

Transformer **变压器** 升高或降低电压的装置。

Turbine **涡轮** 带叶片的盘或鼓,就像有许多叶片的螺旋桨,液体或气体流经时它会旋转。

Volt **伏特** 电压单位,电压是推动电流流动的力量。

关于电的重大发现者

亚历山德罗·伏特 (1745–1827)

现代电力研究学的开创者是伏特，一位意大利物理学家。他发明的电池是最早能提供稳定电流的装置。电池令科学家们能用电来做实验，并发现更多电的奥秘。"伏特"，作为电力的单位，也是取名于伏特。他还发现了沼气（甲烷）易燃的特性。

迈克尔·法拉第 (1791–1867)

这位英国科学家起初是从图书装订工的学徒做起。他一边工作，一边读书，从而激发了他对科学，尤其是电学的兴趣。他坚持不懈，研究电磁感应（变压器隐藏的原理），并发明了电机。法拉第的发现让后来的发明者能够生产出电力设备和机器。

1825年年初，法拉第做了一系列圣诞演说，给年轻人讲述科学。这些演讲稿至今仍存放在伦敦的英国科学研究所里。"法拉"就是以他的名字命名的电学单位。

詹姆斯·克拉克·麦克斯韦 (1831–1879)

这位苏格兰科学家为诸如迈克尔·法拉第的研究工作奠定了基础。他研发了一套等式，用来描述电、磁和光都是同一种物质的不同形态——电磁。他还揭示出电磁波在太空中与光同速。他的工作开创了现代物理学。"麦克斯韦"就是以他的名字命名的磁学单位。

未来的电

如今,我们的用电量超过任何时期。随着世界人口的增长,人越来越多,用电量也越来越大。将来我们可能会找到各种各样新的方法发电。

有科学家已经试验运用道路发电,即利用大量汽车在道路上通过时的重量来发电。建筑物的房顶可以铺上能利用太阳光发电的砖。你甚至还可以穿能发电的鞋,行走时这种鞋可以发电供你的手机使用。

将来还可能有新形式的电站,它会通过核聚变产生热能发电,这与太阳能产生的原因如出一辙。

> 每次有新鲜玩意儿发明出来,都意味着人们对电有更多需求。

20世纪60年代的半导体收音机

21世纪的平板电脑

你知道吗?

• 最早的电池可能在2000年前就已经制造出来了! 在1936年,考古学家在伊拉克首都巴格达发现了古代的罐子。每个罐子里都有一根铜柱,其中心有一根铁棒。有些人认为这些罐子看起来很像电池。然而,如果它们真是电池,没有任何人知道制造它们的原因以及它们的用途。

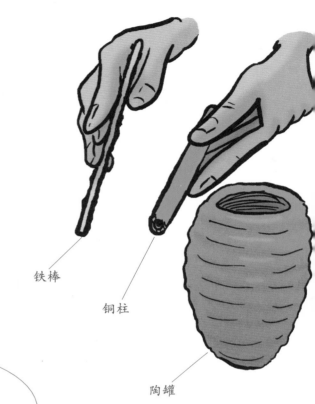

铁棒

铜柱

陶罐

电动汽车并不是新生事物,早在19世纪80年代就已经生产出来了。

• 美国发明家托马斯·阿尔瓦·爱迪生 (1847—1941年一生做出了1000多项发明其中有很多我们至今仍在使用,例如开关、灯泡、保险丝和电表。他还发明了留声机和电影放映机。

• 一道闪电携带的电流高过20万安培,电压则高达10亿伏特。

致　谢

　　"身边的科学真好玩"系列丛书,在制作阶段幸得众多小朋友和家长的集思广益,获得了受广大读者欢迎的名字。在此,特别感谢田梓煜、李一沁、樊沛辰、王一童、陈伯睿、陈筱菲、张睿妍、张启轩、陶春晓、梁煜、刘香橙、范昱、张怡添、谢欣珊、王子腾、蒋子涵、李青蔚、曹鹤瑶、柴竹玥等小朋友。